Physionomies Parisiennes

LE

BOHÊME

PAR

GABRIEL GUILLEMOT

DESSINS PAR HADOL

PARIS

A. LE CHEVALIER, ÉDITEUR

RUE RICHELIEU, 61

1868

Tous droits réservés

LE BOHÊME

PARIS, IMPR. JOUAUST, RUE S.-HONORÉ, 338

SOMMAIRE.

—

LE BOHÊME

INTRODUCTION.

—

LE BOHÊME D'AUTREFOIS.

Bohême est un mot vieilli que nous eussions voulu éviter; non point précisément parce qu'il a vieilli, mais parce qu'il ne s'applique plus qu'imparfaitement au groupe de *Parisiens* dont nous entreprenons de décrire les mœurs et d'esquisser les silhouettes.

Bohême est un mot du vocabulaire

courant de 1840. Dans le langage d'a-
lors, il est synonyme d'artiste ou d'é-
tudiant, viveur, joyeux, insouciant
du lendemain, paresseux et tapa-
geur.

Mürger a dit le dernier mot sur
cette bohême des étudiants et des artistes. Il l'a montrée sous des couleurs
riantes. Il lui a donné de l'esprit et
du cœur, voire du caractère. Il l'a
faite sympathique.

Sympathique elle nous apparaît en
effet. Honnête au fond et le *cœur sur
la main*, comme on dit.

Ses vices vus de loin et à travers le
prisme du conteur sont des vices ai-
mables. Sa paresse est insouciance.
Ses petites indélicatesses (il en commet
parfois!) sont farces pures.

La Grisette allait au béret le plus éclatant (p. 12)

Le Bohême de 1840 se moque de ses créanciers, *tire des carottes à son paternel*, et nous prenons parti pour lui contre *le paternel* et contre les créanciers.

Il est si jeune! Il faut bien jeter sa gourme! Ce bohême-là, le bohême de la légende pourrions-nous dire, est mort et bien mort. — A-t-il existé réellement? J'ai entendu affirmer que non. — Quoi qu'il en soit, dans tout Paris, à l'heure qu'il est, vous n'en trouveriez pas un seul exemplaire qu'on pût certifier conforme.

Tous les ans, au commencement de l'année scolaire, la province nous envoie des jeunes gens qui, par souvenir de ce qu'ils ont lu ou entendu raconter (on a toujours un oncle ou un

cousin qui vous dit : De mon temps,
nous faisions *ceci*, nous faisions *cela !*)
tentent de ressusciter l'étudiant che-
velu, débraillé, culotteur de pipes, du
gouvernement de juillet. Mais le milieu ambiant n'est plus favorable à
l'épanouissement de cette sorte de fan-
taisistes.

Les petits gandins, qui, autrefois,
eussent à peine osé montrer leurs
gants gris-perle et leur raie sur le
milieu de la tête, ont envahi le pays
latin, et l'on cause du prochain steeple-
chase jusque dans la cour de l'école
de droit.

Le *Bohême*, à son tour, est isolé,
mal vu.... Autrefois, la grisette *allait*
au *béret* le plus éclatant, au gilet le
plus extravagant de coupe et de cou-

leurs, aux plus longs cheveux, au plus criard, au plus dégingandé, au plus pittorresque; aujourd'hui *l'espèce* qui l'a remplacée *va* au mieux mis — au plus *sérieux*.

Et ce n'est pas seulement la femme qu'il faut accuser de ce revirement; tous, nous en sommes venus à mesurer la valeur d'un homme à la quantité d'or qu'il a dans son porte-monnaie.

On n'a plus d'indulgence pour les besogneux!...

« *Pauvreté n'est pas vice,* » disait-on autrefois; nous avons ajouté à ce vieux dicton l'appendice peu charitable : « *mais c'est un grand défaut.* »

Nous ne rions plus, sous aucun

prétexte, de l'homme qui *tire le diable par la queue.*

Le créancier ne se laisse plus attendrir par un bon mot.

Le fournisseur est sur la défensive...

Toutes ces choses, et d'autres encore, ont désarçonné le *Bohême.* Sa verve s'est éteinte ; son esprit s'est envolé. Il était brillant, il est piteux.

Le *Bohême* de Mürger n'est plus.

Mais nous avons cru devoir retenir l'étiquette, — comme, en vue de la clientèle, on conserve une vieille enseigne bien connue.

Le lecteur, nous l'espérons, viendra à l'enseigne « *Le Bohême* ». Peut-être eût-il hésité à *venir* à l'enseigne « *Les Irréguliers* », qu'un instant nous avons songé à accrocher au-dessus de notre petit livre.

Irréguliers, cela disait pourtant assez bien la chose. C'est en effet la bande innombrable des *irréguliers* que nous allons faire défiler sous vos yeux.

Tous ceux dont l'existence est un problème, *réfractaires* à toute discipline sociale, *parasites* vivant sur la société, *poseront* successivement devant nous.

Tout ce qui vit d'expédients, du haut en bas de l'échelle, — j'entends d'*expédients* qui ne tombent pas sous le coup de la police correctionnelle, — rentre dans notre programme.

Quelle liste, si nous pouvions les citer tous individuellement! Et pensez-vous que vingt volumes comme celui-ci suffiraient à la besogne!...

Aussi procéderons-nous par groupes, par types et par séries.... Ce qui nous permettra de ·tout dire à peu près, sans oublier ni froisser personne.

PARENTHÈSE TOPOGRAPHIQUE.

OURTANT un paragraphe encore, avant de pénétrer dans le vif du sujet.

Au moment d'introduire et de guider le lecteur dans un monde que nous voulons croire nouveau pour lui, il nous paraît indispensable de mettre sous ses yeux la carte du pays inconnu qu'il va parcourir.

De même que la géographie éclaire l'histoire, la topographie éclaire toute narration. On voit mieux les hommes quand on voit du même coup le milieu dans lequel ils se meuvent.

Le *Bohême*, tel que nous le comprenons, est essentiellement Parisien.

La Province, avec ses habitudes de vie au grand jour, ses curiosités indiscrètes, sa manie d'immixtion dans les affaires de voisin à voisin, ne supporterait pas chez elle un individu dont l'existence demeurât problématique ou fût faite d'expédients.

A Paris seulement se rencontre le *Bohême*, — mais non point indifféremment dans tout Paris.

Il est certains quartiers, le plus grand nombre, où le *Bohéme* n'a jamais planté sa tente. L'air n'y est point respirable pour lui. Il n'y trouverait point sa subsistance, et ses théories sur l'emprunt ne s'y pourraient mettre en pratique aisément.

Par exemple, pas de *Bohéme* au Marais. Que ferait-il dans cette zone tranquille, refuge exclusif de petits rentiers égoïstes? Trouverait-il place Royale les quarante sous dont il a besoin pour dîner?

Pas de *Bohéme* dans les rues *Saint-Denis*, *Saint-Martin*, *du Temple*, *Saint-Antoine,* etc., zones commerçantes, ouvrières, laborieuses!...

Le *Bohéme* pullule *le long des*

boulevards, de la rue Montmartre à
la rue de la Paix.

Le *faubourg Montmartre,* les *passages,* la *rue des Martyrs, Notre-Dame-de-Lorette*, toute la contrée des
désœuvrés, des débauchés, des inutiles,
— la contrée vraiment parisienne de
l'époque, — fait partie du domaine
de la Bohême.

C'est là presque exclusivement son
champ d'exploitation...

Un peu aussi la *place de la Bourse*,
le *quartier des Tuileries*, des *Champs-Élysées*...

Exceptionnellement : le *pays latin*,
son quartier général d'autrefois...

LA GRANDE BOHÊME.

LE respect bien connu du Français pour la hiérarchie en toute chose, nous indique tout naturellement le plan que nous devons suivre.

« *A tout seigneur tout honneur!* » Nous commencerons par l'état-major, par les gros bonnets de la bande.

Il y a des princes-bohêmes; il y en eut; il y en aura longtemps encore. Princes errants, en quête d'une couronne vacante, ou des moyens de reconquérir celle qu'ils ont perdue.

Sans remonter aux sept rois que Candide rencontra à Venise dans le piteux équipage que vous savez, le XIXᵉ siècle nous en offre des exemples sans nombre..

Par exemple, combien de *pseudo-Louis XVII* Paris n'a-t-il pas vus se produire? J'en ai connu un pour ma part, tête blanche, osseuse, nez bourbonnien, — naturellement.

Il était manchot, il vivait d'aumônes qu'au faubourg Saint-Germain des âmes charitables lui faisaient. Il habitait rue du Val-de-Grâce, et se promenait chaque soir, après dîner, au Luxembourg.

Nous le faisions jaser. Il débitait fort bien son petit boniment, et sans jamais *se couper*; invectivant le cordonnier Simon qui l'avait roué de coups, et son oncle Louis XVIII qui n'avait pas voulu le reconnaître.

Quelques vieilles douairières le pre-
naient au sérieux, sans toutefois affi-
cher ouvertement son culte.

« Il est probable, se disaient-elles,
que *cela* n'est pas... Mais pourtant, si
cela était!... »

On le recevait à l'antichambre, à
l'office.

« Comprenez-vous cela? nous disait-
il, à la cuisine! leur roi légitime ! »

Puis, changeant de ton :

« Il est vrai qu'elles me donnent
de temps à autre une pièce de vingt
francs!... »

Aujourd'hui nous avons Orélie Ier,
Majesté déchue qui voudrait bien recommencer sa petite affaire.

En général, tous ces pauvres décou-
ronnés font la plus triste mine du
monde. Les hautes prétentions qu'ils
affichent font paraître leurs bottes encore plus éculées. Quelques-uns, ta-
lonnés par la misère, fatigués de
mendier, finissent par accepter un
emploi quelque part en attendant...

Londres, mieux que Paris, pourrait
nous renseigner à ce sujet.

Au-dessous du prince-bohême, il y
a, il y eut, et il y aura longtemps
encore, le *marquis-bohême,* le *duc-
bohême,* le *comte-bohême,* etc., etc.
Toute l'échelle nobiliaire y a passé.

Celui-ci, sans fortune au début de
la vie, ne prit conseil que de l'audace.
L'argent, — ce levier, — lui man-

quait, il fit des affaires avec l'argent des autres, selon la formule du
Gymnase. Il se jeta dans la grande
industrie.

Bien doué physiquement, spirituel,
aimable, il *entraînait* sur ses pas la
confiance. Il disait aux capitaux, de sa
voix douce :

« Nous travaillerons dans les sucres ! »

Les sucres !... pouvait-on se défier ?
On ne se défia pas.

Schaunard et ses amis chassaient à
la pièce de cent sous ; il chassa, lui,
aux millions !...

Et les millions se laissèrent prendre.

Le premier, ou l'un des premiers,
il mit en pratique ce procédé — vous

savez? — qui consiste à quitter osten-
siblement l'affaire; les actions bais-
sent; on rachète en sous-main... et le
tour est fait.

Pas *filou,* non certes!... sa conduite
défie le code pénal; mais *bohéme* au
premier chef!... car toute sa vie il vé-
cut d'expédients.

De ces millions qu'il tripote depuis
si longtemps, il n'a pas gagné quatre
sous, si l'on prend comme type de
chose bien gagnée la semaine du travailleur...

Cet autre, d'une grande famille, —
très-authentique, mais peu fortunée
eu égard à ses appétits formidables,
— risqua son patrimoine dans plusieurs entreprises douteuses.

Il jouait à quitte ou centuple. Il

perdit; et toute sa vie fut une longue lutte contre les protêts, saisies conservatoires, assignations, jugements, poursuites, saisies exécutoires, etc., etc.

Puis, un jour que les expédients allaient empiéter sur les cas prévus par le code, au moment juste où allait s'effondrer cette mince cloison qui sépare l'*indélicatesse* de l'*escroquerie*, une main puissante le tira du pétrin...

Il engagea son nom au Mont-de-Piété, et ne sut pas le dégager.

Un homme à la boue!

Il faut les voir en public, gros, importants, rayonnants, insolents!...., Vous ne vous douteriez jamais!...

Souvent, rien de ce qu'ils ont sur eux ne leur appartient en propre!.

Ils ont des chevaux dans leur écurie, des tableaux dans leurs galeries, et ils doivent au boulanger le pain de la quinzaine! Ils doivent à tous... Ils doivent à leur marchand de vin, à leur carrossier, à leur ébéniste, à leur maquignon, la plupart du temps à leurs maîtresses!...

Du reste, ces derniers temps nous ont montré qu'il n'est point de degré si bas dans l'abjection où ne puisse descendre ce monde de l'aristocratie vaniteuse, hautaine, dédaigneuse, insolente...

Si bas, que la stupéfaction laisse à peine place pour le dégoût!..

Ce vieux gentilhomme ruiné, célèbre autrefois parmi les défenseurs du trône et de l'autel, et qui pour redorer sa couronne de marquis ne trouve rien de mieux que de la déposer sur la tête d'une... (Si je dis *cocotte*, les cocottes vont se fâcher ; mettez le mot vous-même.)

Peuples, qu'en pensez-vous?...

Il y a quelques années, un mariage de même acabit avait déjà défrayé et amusé la chronique parisienne ; mais le héros était jeune, tête exaltée, tête folle ; d'ailleurs il s'expatria, il s'en alla mourir loin des siens...

A la grande rigueur nous lui trouverions des excuses.

Mais ici, simple spéculation de vieillard, calcul immonde! La faim même ne serait pas une circonstance atté-nuante à tant d'impudeur ; et cet homme avait encore largement de quoi vivre!...

Ah! quittons, quittons vite ces régions fangeuses et malsaines. On étouffe dans ce monde interlope et malhonnête, qui n'offre vraiment aucun coin, si petit qu'il soit, où l'indulgence puisse se nicher. Nous plaiderons, quand il le faudra, les circonstances atténuantes; mais ici pas d'excuse, pas de pitié!... La flétrissure... sans phrases !

LE BOHÊME EN HABIT NOIR.

IL se nomme... *Légion*. Sa vie est un problème. Sans ressources connues, sans position avouée, sans occupation définissable, il trouve moyen de faire figure dans le monde.

On le rencontre partout, dans les meilleures maisons, souriant, remuant, sautillant, partout à l'aise, comme un habitué de longue date.

« Quel est ce petit monsieur? demandez-vous.

— Je ne sais.

— Son nom?

— Je l'ignore. »

Une légende célèbre de Gavarni donne la clef de ce dialogue qu'un provincial ne comprendrait pas :

« *Je te présente, c'est bien! Mais qui est-ce qui me présentera, moi?*

Vous le suivez de l'œil quelque temps. Ses façons, ses allures vous intriguent. Vous interrogez ceux qui paraissent être avec lui sur le pied d'une certaine camaraderie.

« Je sais qu'il se nomme : M. de Saint... quelque chose ; ce qu'il est, ce qu'il fait... je ne m'en suis jamais inquiété. »

Et pourquoi s'en inquiéterait-on ? Il a un habit noir, des gants blancs, du linge irréprochable, un certain bagou qui ressemble à de l'esprit ; le plus souvent, compliqué d'une décoration étrangère ; il peut aller de pair avec tout le monde...

De quoi vit-il ?

Pour ce qui regarde la vie matérielle, rien de plus simple : *Il dîne en ville !*

Son couvert est toujours mis quelque part.

Ah! si vous saviez! il a toutes les
qualités solides, toutes les grâces du
pique-assiette émérite. Il sait manger,
il sait boire. Rien qu'à le voir, il vous
donnerait appétit. Il trouve un mot
aimable pour chaque plat, une exclama-
mation pour tous les vins. Les vieilles
dames, à l'adresse desquelles il a toujours un madrigal tout prêt, recher-
chent son voisinage. Toutes veulent
être à côté de lui...

C'est ce que nous appelons un gai
convive.

Il en est qui à toutes ces facultés de
premier ordre joignent cette autre,
plus précieuse encore : *Ils ont une
recette à eux pour certains plats.*

Il chassa aux millions. (p. 24)

Par exemple, j'en sais un qui prépare le *macaroni* comme personne.
C'est un jeune Napolitain que vous connaissez certainement de vue. Tous les soirs il est aux *Italiens*. De loge en loge, aux entr'actes, il court, colportant ses salutations empressées et obséquieuses. A tous il parle de son macaroni avec une éloquence, avec un enthousiasme !...

L'eau vient à la bouche de monsieur. Madame rit comme une folle en se renversant dans son fauteuil.

« Quoi, vraiment ! du macaroni !

— Oui, vraiment, du macaroni... et si vous permettez, madame, j'irai chez vous un de ces jours.

— Certainement, comment donc ! »

Il n'a garde d'y manquer... Un beau

jour, il se présente. On l'installe dans la cuisine. On lui met un tablier blanc. On trouve ça très-drôle!... un cuisinier en monocle, avec raie sur le milieu de la tête! Songez donc!

« Vous gardez vos gants?

— Dame! des gants *beurre-frais*, pour un cuisinier!.... »

Et l'on se pâme.

« Est-il amusant! Mon Dieu, est-il amusant! »

On se met à table. Le macaroni est proclamé délicieux... fût-il vingt fois détestable.

A l'occasion, entre connaissances, on en parlera.

« Ah il y a le petit monsieur napolitain qui a une fameuse recette pour le macaroni!

— En vérité!...

— Dites donc, il paraît que vous avez une fameuse recette...

— Oui!

— Il faut que vous veniez un de ces jours chez nous...»

Etc., etc.

Et voilà comment le Napolitain que vous connaissez certainement tous a trouvé moyen de se mettre une trentaine de dîners par mois — sur la planche.

Et puis, si complaisante cette espèce!

On l'emploie à toutes sortes de courses. Il fait les commissions de l'un et de l'autre, de *madame*, de *monsieur*, et aussi de *bébé*.

Le louis qu'ils ont toujours en

poche peut s'expliquer de bien des façons, allez !

En fouillant un peu dans le tas, nous arriverions vite, j'en suis sûr, au grand Jules des *Cocottes et Petits Crevés*, auquel nous trouvons plus simple de renvoyer le lecteur.

Ce faiseur émérite de macaroni nous conduit tout naturellement à une série toute particulière et fort pittoresque :

LE BOHÊME EXOTIQUE.

OMBIEN serait piquante et pleine d'intérêt l'étude complète et détaillée de la *Bohême exotique !* Mais la question est

si complexe, elle touche à tant de
points délicats, elle nécessiterait des
recherches si nombreuses, elle exige-
rait des précautions si minutieuses,
que malgré le vif désir que nous en
aurions, nous sommes obligé de nous
borner à un aperçu sommaire, et
pour ainsi dire à la mention pure et
simple.

«*Glissez, mortels, n'appuyez pas,*»
est pour l'écrivain, dans la plupart
des cas, le commencement de toute
sagesse ; dans le cas présent, plus que
jamais.

En touchant à ce tas d'étrangers
dont la position sociale est si difficile à
établir, à fixer, à définir, sait-on jamais à qui on a affaire?

Simples aventuriers ou princes

voyageant incognito? Qui m'éclairera? Qui me guidera?

Ils fréquentent les mêmes salons, les mêmes cercles, les mêmes femmes.

Ils ont les mêmes allures et les mêmes décorations....

Marquis douteux, comtes louches, barons borgnes, que j'en vois de ces gaillards, Italiens, Espagnols, Brésiliens, Péruviens, Mexicains et Turcs, Grecs de toute latitude et de toute longitude, qui, tous, seraient fort en peine d'exposer au public le budget de leurs recettes et dépenses !

A les entendre, ils ont dans leur pays tous les titres, tous les grades, tous les honneurs .... Forêts, châteaux, terres à perte de vue. « *A beau mentir qui vient de loin.* » C'est pour

ces bohêmes-là que fut fait ce pro-
verbe.

Or, non pas une fois, mais dix fois,
mais vingt fois à l'étranger, il m'est
arrivé de demander : « Connaissez-
vous le duc *** ou le vidame ***, un
élégant, un raffiné richissime qui
mène grand train à Paris ?.... » Non-
seulement on ne le connaissait pas,
mais encore il n'y avait jamais eu
dans la contrée personne de ce nom.

Quelques-uns, pour se donner une
contenance, font semblant de s'occu-
per d'*art*. Ils se disent peintres, sculp-
teurs, musiciens....

L'*art* devient de la sorte une excuse,
un paravent.

Ils vivent joyeusement, grassement,
luxueusement...

« Vos ressources, mes seigneurs ?

— L'*art,* parbleu !... »

L'*art* a bon dos.

Un beau matin, de temps en temps, on apprend que dans une soirée de viveurs du plus grand monde deux *gentilshommes* étrangers ont été surpris trichant au jeu,... et tout s'explique.

Au moins en ce qui concerne ces deux-là.

PLUS A PLAINDRE QU'A BLAMER.

UNE autre variété du *Bohéme en habit noir* est celle de l'*amuseur de salons,* souvent

navrante et cachant plus d'une douleur !

On l'invite, parce qu'il joue du
piano, parce qu'il chante la chanson-
nette, parce qu'il mène bien un co-
tillon ; en un mot, parce qu'il est un
boute-en-train de plaisir et que nos
réunions gourmées, empesées, en-
nuyeuses, manquent de boute-en-
train.

Je connais un pauvre et vieil employé de ministère dont toute la jeu-
nesse s'est passée à amuser ainsi le
grand monde :

« J'avais une assez jolie voix, me
disait-il un jour ; j'étais musicien ; je
chantais avec goût ; je pouvais faire
ma partie dans un duo, dans un
quatuor ; de toute part on m'invitait.

J'ai chanté avec des princesses auxquelles, à deux pouces du nez, j'ai
dit : « *Je t'aime !* » On me grisait d'é-
loges. On me faisait entrevoir je ne
sais quel avenir doré...

« En attendant, tous mes appointe-
ments *passaient* à l'entretien de ma
toilette du soir, qu'il fallait irréprochable. J'habitais une mansarde à
vingt francs et je dînais... Dieu sait
de quelle façon !... Combien de fois
même, comme l'homme de Ponsard,
me suis-je passé de dîner pour ache-
ter des gants !...

« Ayant toujours eu plus de vanité
que d'ambition, mes triomphes éphé-
mères me suffisaient. Je ne cherchai
jamais au delà. Jamais l'idée ne me
vint de tirer parti de mes connais-

sances haut placées pour mon avancement dans l'administration.

« Aussi, me voilà toujours employé subalterne ; toujours logé dans ma mansarde — qui coûte quarante francs aujourd'hui !... Mais je n'ai plus de voix, ma verve s'est éteinte ; on me laisse de côté ; et pas un de ceux qui m'accablaient autrefois de poignées de main et de sourires ne daigne maintenant me reconnaître dans la rue, quand je passe.... »

PLUS A BLAMER QU'A PLAINDRE.

X a quarante ans. Il se dit *comte*. Depuis longtemps il a jeté là le nom de son père, se sentant peut-être fort capable d'en faire mauvais usage. Il a pris le nom de la terre... d'un autre...

Le jour où sonna sa majorité, il exigea de sa mère, veuve, une quinzaine de billets de mille qui composaient *sa légitime.* Puis il partit, tête folle. Il alla jouer !...

Tous les casinos d'Allemagne le virent. Tous les cercles d'Italie... Il gagnait ou il perdait, selon la veine. Mais qu'il perdît ou qu'il gagnât, il menait toujours grand train.

Depuis vingt ans, cette existence de bohême errant est la sienne. Rappelons bien qu'il avait quinze mille francs au départ.

Quand viendra le bout du rouleau?

Beaucoup soupçonnent qu'il est venu depuis longtemps.

LE BOHÊME DU MONDE

DES LETTRES ET DES ARTS.

L'AUTRE avait nom : *Légion* ; celui-ci a nom : *Multitude.* Nous entrons dans *l'innombrable.*

Il n'est pas rare d'entendre le bourgeois et autres gens sérieux dire : « *Ces artistes, ces littérateurs, ces journalistes, tous bohémes !* » Ces gens sérieux ont tort. Ils renversent les termes de la proposition.

Il n'y a parmi les *littérateurs* tant de *bohémes,* que parce que tout *bohême,* d'où qu'il sorte, se dit *littérateur.*

Tous ne peuvent pas se dire char-
pentier, bottier, forgeron. Il faut *sa-
voir*; il faut avoir travaillé chez un
patron, montrer un livret.... Mais
chacun peut écrire *homme de lettres*
sur sa carte de visite.

— Votre installation ?

— Un banc et une table.

— Vos outils ?

— De l'encre, une plume et du pa-
pier.

Où commence l'homme de lettres ?
Où finit-il ?

Quel moyen de contrôle ?... Où le
criterium ?...

Jean Valjean sortant du bagne n'a
qu'une ressource : *écrire ses mé-
moires.*

Aussi, notre corporation est-elle

une sorte de *refugium peccatorum,*
— *peccatorum* repentants ou non...

Mais je le répète, ne cherchez pas
dans ce qui va suivre le *bohême de
Murger,* vous ne le trouveriez pas.

A regarder attentivement à la loupe,
cette masse grouillante, d'abord con-
fuse, se décompose en groupes dis-
tincts, en types parfaitement définis
que, selon notre procédé, nous allons
successivement esquisser devant vous.

Le plus curieux de tous, celui que
vous serez le plus étonné de rencon-
trer ici, après les quelques lignes qui
précèdent, c'est...

LE BOHÊME HONNÊTE.

IGNE du respect de tous, méri-tant toutes les sympathies. Un vieillard le plus souvent. Travailleur obstiné qui fut honnête toute sa vie et n'a rien amassé. Il gagne de quatre-vingts à cent francs par mois. Pas même de quoi vivre!

J'en pourrais citer... portant des noms connus, fort connus, à qui leur plume ne rapporte pas davantage. Savez-vous combien *touchait* M. Scudo à la *Revue des Deux Mondes?* Dix francs la page! Il en écrivait cinq ou six chaque mois!

Sa vie est une vie de privations que

l'âge rend plus affreuse encore. Il habite un *cinquième* dans un quartier excentrique. Il a cette propreté méticuleuse des gens économes, qui prolonge la durée des vêtements.

Il déjeune de café au lait et dîne en ville... tantôt ici, tantôt là, chez des amis dévoués et charitables avec intelligence.

Le tact dans la charité! .. double qualité bien rare!... Et cependant, qu'est la charité sans le tact?

On trouve mille prétextes pour l'inviter, — de façon à ne pas effaroucher sa susceptibilité en éveil.

Aujourd'hui, c'est *quelqu'un* qu'on veut lui présenter; d'autres fois, on est seul : « *Venez donc me tenir compagnie!* » D'autres fois, « c'est une dinde

qu'on a reçue de la campagne et sur
laquelle on désirerait avoir *son avis.*»
Etc., etc.

L'amitié vraie a dans son sac tant
de ressources ingénieuses !

Ces susceptibilités farouches de la
misère décente sont honorables et
rares. J'en connais quelques exemples
vivants. J'aime mieux prendre mes
citations parmi les morts ..

Une personne qui a beaucoup connu
et fréquenté Hégésippe Moreau me
racontait ceci :

Jamais si fier ni si irritable que quand
il n'avait pas le sou. Voulait-on lui
offrir à dîner, c'était le diable! Il y
fallait toutes sortes de précautions, et
l'on devait amener la chose, insensi-
blement, de fort loin ..

« Ah Dieu ! lui disait-on, dîner seul ! Quel supplice !

— Ma foi non, répondait le poëte, je ne trouve pas !

— Affaire de tempérament ; moi, je ne puis manger sans un vis-à-vis. Par exemple, ce soir, j'ai cette perspective de dîner seul ; eh bien, je vois arriver l'heure avec effroi...

— J'aime mieux dîner seul, soutenait Moreau, on a plus vite fait !

— Sans doute ! mais quand je ne cause pas en mangeant, je suis sûr d'avoir une digestion pénible. »

Etc., etc., etc.

Après quelques minutes de ce dialogue préparatoire, vous lui demandiez comme un service de vouloir bien vous tenir compagnie.

Et *quelquefois* il acceptait!

LE MÉNAGE ROBINEAU.

ᴌs étaient pourtant bien gentils au début!

Bien élevés, bonne tenue, sympathiques, jeunes tous deux. Robineau avait de l'esprit. Il écrivaillait çà et là. Il s'était fait un petit nom et créé dans son petit milieu une certaine notoriété. Le monde les recherchait volontiers.

Le monde a pris depuis quelques années une habitude singulière, celle d'ouvrir complaisamment ses portes aux *indiscrets*. Pas de fête si intime qui n'ait son *reporter*. Madame la comtesse est bien aise de lire le lendemain dans une feuille publique, — si infime soit-elle, — qu'elle portait une robe mauve avec garniture de lauriers, et qu'elle a fait les honneurs de son logis avec cette grâce *qui ne l'abandonne jamais.*

La plume de Robineau, élégante et facile, se prêtait à merveille à ces banalités mondaines. Il imagina même des formules nouvelles de flatterie, et enrichit de plusieurs locutions heureuses la langue de l'adulation.

Ils furent invités partout, on se les *arracha !*

Madame était simple et modeste tout d'abord. Mais quoi ! le contact des élégantes de *la haute,* la vue des

toilettes richissimes développa bien
vite chez elle ce grain de coquetterie
que la nature a déposé au fond du
cœur de toute fille d'Ève. On voulut
rivaliser. On fit des dépenses. *On se
mit en retard.*

Les dettes firent leur entrée dans le
ménage, si rangé jusqu'alors. Pesantes
et lourdes, les premières dettes! vous
rappelez-vous?..... On est inquiet,
agité; on ne dort pas; mais on s'y ha-
bitue si vite! Bientôt on fut criblé, et
l'on se trouva réduit aux expédients.
Depuis dix ans, ils en sont là : aux
expédients!

On vit au jour le jour. La bonne
est obligée d'arracher au boulanger le
pain quotidien.

Madame court les magasins, fait

ses emplettes... « Vous enverrez la facture ! »

On envoie la facture ; et monsieur finit par offrir en payement... des réclames dans le journal où il écrit.

Quelques-uns acceptent pour ne pas *tout perdre*. Par exemple, madame sera consignée à la porte ; mais baste ! il y a tant de magasins dans Paris ! de sitôt elle n'aura épuisé la liste !

Quelques-uns refusent et montrent les dents.

Du temps qu'il y avait *Clichy*, Robineau ne faisait qu'entrer et sortir.

Aujourd'hui, on envoie promener ceux qui font mine de ne point prendre philosophiquement la chose.

Quelle existence ! Quel supplice de

tous les jours, de tous les instants!

Il aurait pu faire quelque chose, ce garçon-là! le monde l'a grisé. Il s'est laissé prendre à cette vie facile, brillante à la surface. Il a perdu l'habitude et le goût du travail fortifiant. C'en est fait! Dans cette voie-là, on ne revient jamais en arrière.

Il gagne de l'argent, certes!... mais combien plus il en dépense!

« *Panier percé!* » dit le peuple, qui ne connaît pas la légende du *tonneau des Danaïdes.*

BRULÉ A PARIS.

A ce moment, un type bien curieux de bohême me revient
en mémoire.

X.... a essayé de tout, du journal,
du roman, du théâtre. Il a échoué
dans tout. De talent, pas l'ombre !...
pas même cette dose imperceptible qui
suffit à l'intrigant pour réussir !

Intrigant cependant, sous des ap-
parences bonasses, il l'est plus que
personne. Il se faufile comme pas un.
Comme pas un, il sait *empaumer* son
monde.

Après avoir *roulé* plusieurs années sur le pavé de Paris, faisant plus

de mousse qu'il n'en *amassait*, *brûlé*
dans tous les journaux, dans tous les
théâtres, et un peu dans toutes les
maisons où il avait accès, il a imaginé
une chose au moins singulière!...

Muni de quelques lettres de recom-
mandation, il est parti... pour Marseille.

Il s'y est installé avec quelque fra-
cas. Il a fait ses visites. Il s'est *ou-
vert...*

« Il est venu pour étudier Marseille
« et la Provence. Ce pays, béni du
« ciel, l'a toujours attiré. Il veut lui
« consacrer exclusivement sa plume.
« Certes, on a beaucoup écrit sur la
« Provence, mais toujours au point
« de vue descriptif, poétique, fantai-
« siste; son projet à lui est de montrer

« la Provence. *productive , nourri-*
« *cière, utilitaire...* la Provence, ses
« huiles, ses olives, son miel, ses
« vers à soie, etc , etc. A l'obligeance
« de tous il s'adresse pour les ren-
« seignements indispensables; il fau-
« dra qu'on l'aide dans ce labeur qui
« intéresse à si haut point l'industrie,
« le commerce, la culture locale. »

Chacun lui promet son concours.

Il a revu ces messieurs. Il a dîné
chez chacun d'eux. Aux yeux de
chacun il a fait ressortir le parti qu'on
pouvait tirer de son ouvrage, au point
de vue de la réclame.

Et quelle réclame!... réclame euro-
péenne !

Bref, par flatterie, cajolerie, et autres
procédés dont il dispose, il a trouvé

moyen d'intéresser dans son affaire un
gros épicier, richissime, qui a de l'argent à perdre, et qui s'est engagé à
lui fournir tous les matériaux. Le
gros épicier veut attacher son nom à
cette œuvre gigantesque,... et puis il
a quelques inimitiés dans la ville, sur
lesquelles il serait bien aise de *taper*
un peu.

Le gros épicier a fait plus, dans son
enthousiasme! Il a pris chez lui notre
homme. Il l'héberge. Il le comble de
tout.

Lui se goberge; galant avec les
dames, plein de sollicitude pour les
enfants, il s'est efforcé de plaire à
tous, — même au chien du logis, —
et il y a réussi dans une assez bonne
mesure.

Il y a deux ans que cela dure...

Un de ces jours, le gros épicier s'a-
percevra que le monument *à la chère
Provence* n'avance pas au gré de ses
désirs, et flanquera mon gaillard à la
porte...

Pas embarrassé pour si peu, X...
ira planter sa tente en Champagne,
en Bourgogne, dans le Bordelais,
chez un propriétaire de vignobles; en
Normandie, chez quelque manufac-
turier.

Et avant qu'il ait *brûlé* toutes les
provinces de l'ancienne France!...

LE BOHÊME HONTEUX.

Tous les jours, dans les bureaux de rédaction d'un journal de Paris, la scène suivante se passe :

— Un monsieur se présente relativement bien mis. Timide, d'une voix tremblante, l'allure doucereuse et le sourire niais d'un séminariste qui médite une cafarderie, il demande à dire deux mots en particulier au rédacteur en chef.

Celui-ci, d'un geste noble, le fait passer dans son cabinet...

« Je vous écoute, monsieur. »

Et le monsieur commence en ces termes :

« J'abuserai d'autant moins de vos
« instants précieux que je n'ái pas l'hon-
« neur d'être connu de vous. Je me
« nomme Pitanchard. Mes parents,
« pauvres, mais honnêtes, me firent
« donner, j'ose le dire, la plus bril-
« lante éducation. A dix-huit ans, j'a-
« vais l'honneur de collaborer active-
« ment à la *Mouchette de Pézénas*; à
« vingt ans, sur le théâtre de ce même
« chef-lieu, je faisais jouer cette tra-
« gédie que nous écrivons tous au col-
« lége. Le succès me sourit, il me
« sembla voir là dedans une invite de
« la fortune, et je vins à Paris. Paris,
« n'est-ce pas le rêve de tout jeune
« homme qui a quelque chose là ?
« Sous divers pseudonymes, j'ai beau-
« coup écrit çà et là : vers, comptes

5

« rendus de théâtre, articles de genre,
« nouvelles à la main, etc., etc. Mais
« les années passent sans apporter
« cette gloire entrevue, et je voudrais
« me livrer à des travaux sérieux, sur
« un champ plus digne de moi... Pour-
« riez-vous m'utiliser dans votre jour-
« nal, si haut placé dans la faveur pu-
« blique? »

Ici le monsieur fait profession de
foi libérale ou conservatrice, selon
qu'il se trouve chez un libéral ou chez
un conservateur. Dans un journal
religieux, il ira même jusqu'à entre-
couper sa narration de fréquents si-
gnes de croix.

Le rédacteur en chef répond naturellement par une échappatoire :

« Notre rédaction est au complet,

je le regrette. Plus tard, si l'occasion se présente... Pour le moment, impossibilité absolue. »

Tout en parlant, il pousse du côté de la porte le solliciteur, qui s'éloigne à reculons et qui finit par avouer qu'une pièce de cent sous lui sauverait positivement la vie.

Quelquefois le rédacteur en chef se laisse aller au premier mouvement, presque toujours charitable. Voulez-vous vous blinder le cœur à l'endroit de ces surprises, suivez le bonhomme qui vient d'*empocher* la pièce blanche : quatre à quatre il descend l'escalier et court au premier café venu...

Et à ce propos il faut que je vous raconte une anecdote dont je fus un soir témoin, et qui n'a pas peu contribué à racornir mon cœur à l'endroit de ces gaillards-là.

C'était dans un café du boulevard. Un de nos amis venait de nous rejoindre. Un homme, qui le suivait depuis quelque temps sans doute, précipite le pas, entre et ferme la porte derrière lui.

« Pardon, lui dit-il, vous ne me reconnaissez pas? Je suis un tel. »

Il se nomme, puis il expose sa situation, assez gênée pour l'instant. Il vient de publier une brochure. Il l'a vu passer, et il a pensé!...

« C'est bien! voilà cent sous! »

L'homme empoche prestement et fait quelques pas comme pour s'éloigner.

Quelques minutes après, notre ami

nous quitte. Il avait à peine tourné les talons, que l'homme que nous croyions disparu, se montrant tout à coup dans un coin de la salle, incline son chapeau sur l'oreille, frappe du poing sur une table, et d'une voix de Stentor :

« Garçon ! une pipe, du tabac et un flacon d'eau-de-vie ! »

Nous le regardions stupéfaits.

Lui, nous fixant effrontément et d'un air narquois :

« J'ai cent sous ! Il n'y a pas de Bon Dieu quand j'ai cent sous : c'est moi qui suis le roi de la création ! »

Ces scènes-là jettent un froid dans les âmes les plus chaudes.

LE PILIER DE CAFÉ.

Nous sommes au café, restons-y. Aussi bien, c'est au café — aux cafés du boulevard — que grouille la foule des bohémes de bas étage : *carottiers, exploiteurs, emprunteurs, chercheurs de dîner.*

J'ai dit : *cafés du boulevard.* La restriction est importante.

C'est en effet sur le boulevard seulement (voir notre parenthèse topographique) que le bohême en question peut *opérer* avec quelques chances de réussite.

Il y a surtout une heure où l'observation est facile, où les sujets abondent, c'est

L'HEURE DE L'ABSINTHE

'heure de l'absinthe (de cinq
à six) n'est pas seulement
l'heure où l'on prend l'absinthe, c'est l'heure où les journalistes de la presse militante se rencon-
trent, se réunissent, s'abouchent.

Quelle que soit la consommation
prise, c'est *l'heure de l'absinthe*.

De tous côtés, comme à un rendez-
vous tacite, on accourt. Pour beaucoup, toutes les affaires se traitent là :
collaborations et duels. Quelquefois
les éditeurs y viennent conclure leurs
marchés....

« Où peut-on vous voir ?...

— *A Madrid, au Suède;* à l'heure de l'absinthe !... »

L'heure de l'absinthe est d'éclosion toute récente; elle date de l'épanouissement et de la splendeur de la petite presse.

Autrefois, quand il n'y avait que de grandes feuilles sérieuses, gourmées, discutant avec solennité sur l'attitude de l'Angleterre et de la Russie, il n'y avait pas d'*heure de l'absinthe* L'heure de l'absinthe est la résultante logique des *échos de Paris* et de la *chronique.* Le succès toujours croissant du *fait divers* l'a définitivement assise.

Que demande le lecteur? Des nouvelles ! des nouvelles encore ! et des nouvelles toujours !... Pour récolter beaucoup de nouvelles, il faut se réunir en grand nombre. — Il faut se réunir surtout pour les fabriquer.

Chacun vient là apporter son contingent et faire sa provision. C'est la petite bourse des bons mots, des indiscrétions, des cancans. Les gros financiers de l'esprit ne s'y montrent qu'à de rares intervalles; mais ils ont des courtiers qui opèrent pour eux et qui *rapportent*.

Donc, lecteur, si la tabagie ne vous effraye pas trop, venez vous asseoir avec moi dans ce petit coin délaissé, d'où nous examinerons ensemble les originaux que cette foule recèle.

Attention !...

Vous voyez ce gros garçon qui entre,

figure triste, dos voûté, les mains dans les poches?

Suivons-le de l'œil. . Il tourne autour des tables, jetant à droite et à gauche des petits saluts de tête accompagnés d'une sourire humble. Il ne s'assied pas, il attend qu'on l'invite.

Il chasse la consommation, mais, chasseur timide, il attend que le gibier s'offre de lui-même...

Il s'arrête!...

« Quoi de nouveau ?

— Rien.

— On ne dit rien de nouveau?

— Non... »

Il reste là debout. Son œil va d'un verre à l'autre, avec une expression pénible d'envie...

On finit par lui dire :

« Vous ne vous asseyez pas ?...
Asseyez-vous donc et prenez quelque
chose. »

Il ne se le fait jamais répéter deux
fois.

Il y a huit ou neuf ans, on remar-
quait, parmi les habitués du *Café
des Variétés,* un pauvre diable d'une
quarantaine d'années, — quarante-
cinq au plus. Ses cheveux étaient tout
blancs ; le résultat sans doute de dé-
sillusions et de chagrins de lui seul
connus.

Cet homme, autrefois notaire dans
son village, s'était senti piqué tout à
coup de la tarentule littéraire. Il avait
vendu sa petite étude, et était venu à

Paris, pour *faire son chemin* dans la
voie des lettres.

Mal servi par la chance, ou plutôt
mal taillé pour la lutte de tous les
jours que le métier exige, il végéta
dans les bas-fonds du journalisme
sans caissier, et ne put réussir à his-
ser et déposer sa prose dans des régions plus élevées que celles d'une
feuille théâtrale.

Il y rédigeait les comptes rendus de
l'*Ambigu*, de *Déjazet* et de *Beau-
marchais*, — occupation pleine d'a-
grément sans doute, mais qui ne
nourrit pas son homme.

Le petit magot produit de la vente
de l'étude disparut en moins de temps
qu'il n'en faut pour siffler un verre de

champagne, et le bonhomme se trouva
bientôt sans ressources...

Mais il avait, en ses jours de splendeur, contracté l'habitude du café à
l'heure de l'absinthe, et, machinale-
ment, il continuait à y venir. D'un
caractère très-doux, très-sympathique,
il avait beaucoup d'amis. On lui of-
frait volontiers l'absinthe ou le ver-
mouth.

Sa figure, naturellement triste, s'il-
luminait alors d'un éclair de gaieté. Il
causait, il babillait, il se lançait à tête
perdue dans l'esthétique...

Un jour on vint nous dire qu'il
était *mort de faim!*... Littéralement :
Mort de faim!

Je n'invente rien. Je pourrais nom-
mer le pauvre diable et citer trente

témoins à l'appui du fait que j'a-
vance.

Cet homme, qui prenait l'absinthe
tous les soirs, n'avait pas tous les soirs
de quoi dîner!

Personne, certes, parmi ceux qu'il
fréquentait ne soupçonnait cette dé-
tresse. Sa bouche n'avait jamais laissé
échapper une plainte; et lentement,
lentement, les privations avaient fait
leur œuvre d'épuisement!... Horrible!
horrible!...

J'aime mieux croire que la désil-
lusion, le chagrin, la désespérance,
avaient familiarisé son esprit avec
l'idée du suicide, et qu'*il voulut bien
mourir*... Car, *mourir de faim* quand
on a la force et la volonté de ne pas
mourir, c'est *si... bête*, qu'à peine

puis-je admettre que ce soit possible !

Je n'ai eu faim qu'une fois en ma vie... Un dimanche soir, la pension où j'avais le dîner à crédit étant fermée, je ne sais pour quelle cause, je me trouvai avec quatre sous dans la poche, — quatre sous *pour tout potage,* c'est, je crois, le cas de le dire. Mon menu fut bientôt réglé : deux sous de pain, deux sous de pommes de terre frites.

Je ris beaucoup de ma misère, ce jour-là. Une fois en passant, cela amuse ;... mais deux jours de suite, je sais bien que je ne l'eusse pas supporté !...

Certes, parmi les droits de l'homme et du citoyen, il en est beaucoup, et des plus importants, méconnus tous les jours et foulés aux pieds; mais le droit de ne pas mourir de faim me paraît incontestable et au-dessus de toute législation humaine.

Comme ce n'est point ici le lieu de développer ma pensée davantage, je me hâte de revenir à mon sujet.

Ce grand escogriffe à longue barbe et à longue chevelure, autre *chasseur de consommation*, mais chasseur hardi, effronté, celui-là... sans vergogne, sans nulle honte.

Écoutez-le :

« Bonjour, vous autres !... On prend l'absinthe? J'en suis! Vous me l'offrez! c'est entendu... Garçon ! une absinthe et des cigares. »

Le cigare allumé, l'absinthe ingur-

L'Heure de l'Absinthe. (p 71)

gitée, il quitte la table et court à une autre, — où il se fait offrir par le même procédé... n'importe quoi...

Il n'est pas de plus féroce *Emprunteur* que ce gaillard-là.

Carrément, il va au but, sans détours, à brûle pourpoint :

« Prêtez-moi quarante sous !... »

EMPRUNTEURS, CAROTTIERS, EXPLOITEURS

Emprunteurs, les bohêmes le sont tous; mais l'*emprunteur* a plusieurs façons de se présenter que nous allons décrire.

Quelquefois il accourt à vous comme affairé et surpris par l'occasion.

•« Ah ! je vous trouve, vous ! C'est une chance ! Vous n'auriez pas cent sous jusqu'à demain ?... Figurez-vous.... »

Suit une histoire quelconque.

On ne l'écoute pas. On cherche de quelle excuse on colorera son refus. La meilleure, évidemment, la voici :

« Vous *tombez* bien mal ! j'allais *justement* vous adresser la même requête »

Mais elle exige une certaine présence d'esprit dont bien peu sont capables.

D'autres fois, l'*emprunteur* se présente à vous sous des dehors plus simples. Il n'a l'air de rien. Il se promène pensif, les mains dans les poches. Il vous accoste.

« Bonsoir! Que dit-on? Les affaires?...

— Et vous?

— Triste! ça ne va pas!... J'avais quelque chose en vue; crac! c'est raté! Pas de chance enfin! »

Un moment de silence. Puis tout à coup :

« Êtes-vous homme à me prêter cent sous? »

J'avoue que l'attaque est rude ainsi présentée.

Que dire? On ne peut que balbutier : « *Ce serait avec grand plaisir, mais je ne les ai pas.* » Etc., etc.

Et autres banalités d'usage, bien plates, bien mesquines.

Si l'*emprunteur* est un vieux *rouleur*

qui a longtemps pratiqué, il abaisse
aussitôt ses prétentions.

- « Seulement quarante sous ! Seulement vingt sous !... Je vous avouerai
que je ne sais pas où dîner !... »

Vous voilà au pied du mur. Si prévenu que vous soyez contre l'homme,
si souvent *refait* que vous ayez été,
la situation est délicate, et il est bien
difficile de ne pas se laisser attendrir.

Un de ces *bohêmes emprunteurs* a
trouvé un boniment plus irrésistible
encore.

Chaque fois qu'il vous rencontre,
il vous aborde d'un air piteux et vous
déclare avec des larmes dans la voix
*qu'il n'a pas mangé depuis trois
jours !*

Quatre où cinq fois trompé par cet

accent de vérité qu'il sait prendre, je l'emmenai dîner avec moi à ma *popotte*. Un jour, comme je lui offrais la pitance ordinaire, il refusa.

« C'était trop loin. La diète lui avait coupé les jambes. »

Bref, il préférait... cent sous. Je les lui donnai.

Deux heures après, comme j'entrais au café, je vis mon homme installé devant une table au service opulent, avec bouteille à cachet rouge et tout ce qui s'ensuit.

Il pressait amoureusement un quartier de citron sur des huîtres vertes. Il ne se déconcerta pas à ma vue, et, me faisant signe de la main :

« Venez donc, me cria-t-il, prendre un verre de chablis avec moi ! »

Les variétés de *carottage* dans ce monde-là sont si nombreuses, que je me vois obligé, malgré le désir que j'en aurais, d'en négliger beaucoup et des plus piquantes; mais celle qui suit est trop typique pour que je puisse la passer sous silence.

Un jour, on vint prévenir J. Noriac que, dans une brasserie fort achalandée du quartier latin, un monsieur, usurpant ses titres et son nom, se faisait passer pour l'auteur du *Cent-unième*, de *la Bêtise humaine*, du *Grain de sable*, etc.

Tous les soirs, un groupe nombreux de jeunes étudiants l'entourait. C'était à qui lui offrirait des bocks.

Le *pseudo-Noriac* initiait ses jeunes camarades aux misères et grandeurs

de la vie littéraire. Ceux qui nourris-
saient en secret une passion malheureuse pour la poésie et le vaudeville
lui payaient à dîner.

Quelquefois, — souvent, — il avait
oublié son porte-monnaie. C'était à
qui lui offrirait le sien...

Bref, il y avait un grand mois que
le manége durait, quand le vrai Noriac
fut prévenu de la chose.

Il se présenta au café et se mêla à
la foule des admirateurs.

L'autre causait; il causait fort bien,
paraît-il; il *possédait* surtout parfaitement l'œuvre de celui dont il em-
pruntait la personnalité...

« A ce point, me dit Noriac, de qui
« je tiens ces détails, que j'en fus vrai-
« ment touché et que je n'eus pas le

« courage de lui administrer en pu-
« blic la correction qu'il méritait si
« bien. A la sortie, le prenant à part,
« je lui tirai les oreilles et le menaçai
« de le conduire chez le commissaire
« de police. Il me demanda pardon,
« me suppliant de ne pas le perdre,
« jurant ses grands dieux qu'il n'y
« reviendrait plus, et... je n'ai plus
« entendu parler de lui. »

Cette anecdote n'est pas, tant s'en
faut, un fait isolé.

Chaque semaine, les échos de la
petite presse retentissent de plaintes
analogues.

A Paris, cette petite industrie devient plus difficile de jour en jour,
grâce à la photographie et aux por-
traits-charges des journaux illustrés

qui vulgarisent et répandent dans le public les binettes des *notabilités* contemporaines. Mais en province le carottage en question se pratique en-core sur une très-large échelle.

A Bruxelles, à Lyon, à Bordeaux, dans les grands centres de population, partout où il y a réunion de jeunes hommes s'occupant d'art et de littéra-ture, notre bohême se présente hardi-ment.

Il est *Monselet*, il est *Pierre Véron*, il est *Scholl*. Aussitôt on l'entoure. C'est à qui le fêtera, le régalera.

Déjeuners, dîners, soupers, s'orga-nisent en son honneur. Lui, préside; il porte des toasts ; il promet à l'un et à l'autre sa protection, son appui...

Il attend de l'argent, qui ne vient

pas!... N'est-ce que cela? Toutes les bourses s'offrent à se vider dans la sienne. On est trop heureux qu'il veuille bien accepter, et quel sujet de fierté pour celui qu'il daigne mettre à contribution!

Un jour, à Bruxelles, un de ces gaillards-là fut surpris trichant au jeu. Il s'était fait passer pour Xavier Aubryet!

Les dernières pensées de Mürger, à son lit de mort, se fixèrent obstinément sur un individu de cette catégorie qui, en diverses localités, à Aix-les-Bains notamment, s'était présenté comme étant Henri Mürger.

Ce que Mürger ne pouvait surtout pardonner à son sosie, c'était de pousser l'imitation de l'original jusqu'à porter à sa boutonnière le ruban rouge de la Légion d'honneur.

Une espèce de bohême assez fréquente à Paris dans les brasseries artistiques et littéraires, c'est le *bohême-exploiteur*, que je vais mettre sous vos yeux.

Pour un adolescent qui rêve la gloire littéraire et qui n'a point encore reçu le baptême de la publicité, ces brasseries sont des sortes de temples où les dieux et les demi-dieux de la littérature contemporaine vont s'abreuver de bière chaque soir après le labeur de la journée.

On imagine aisément avec quelle crainte respectueuse ces apprentis de la plume posent le pied sur le seuil du sanctuaire. Timides, ils se tiennent à l'écart, près de la porte, se contentant de regarder de loin, avec de grands yeux. Notre bohême les guigne et devine la *toquade* intérieure à ce grand œil étonné et d'où l'admiration rayonne.

Tel l'ogre de la fable : « *Ça sent la chair fraîche !* »

Il est bon zigue; il va au-devant d'eux. Le pas qu'ils n'osent faire, il le fait... Voilà le rapprochement opéré.

Le *nouveau*, ivre de joie, se hâte d'offrir des choppes, qu'on se hâte d'accepter. Comme le conscrit au régiment, il paye sa bienvenue.

L'ancien est sans prétentions, il est sans pose. L'autre, enhardi, se met à causer, à jacasser... il s'ouvre tout en-

tier à l'ami-providence que le hasard
lui envoie.

« Vous voulez faire de la littéra-
ture, jeune homme? C'est bien, venez
nous voir souvent, je vous *piloterai*.
Je vous donnerai quelques bons con-
seils que l'expérience m'a enseignés
et que je regrette bien de n'avoir pu
suivre à temps!... Enfin!... »

Le *petit* revient tous les jours. Il a
quelques sous. Tous les jours, c'est
lui qui régale. Bientôt on se tutoie!...
Ivresse!... Il entrevoit déjà des succès
sans nombre. Le théâtre!... les cou-
lisses!... les actrices!... Ah Dieu!...
Dans son enthousiasme, il veut ré-
galer tous ses futurs confrères.

« Si j'offrais à souper à *Chose* et à
Machin, crois-tu que?... »

Mentor, qui ne veut partager avec personne la proie qu'il tient, a grand'-peine à l'arrêter sur cette pente fatale de la prodigalité.

« Pourquoi ces folies? lui dit-il; nous souperons tous les deux seuls, et, si tu veux, nous bâclerons un plan de vaudeville ; j'ai une idée superbe !...

— Bravo!...»

Quand le petit est au bout de son rouleau, l'autre l'envoie à tous les diables.

Nous voici au plus bas de l'échelle. Au-dessous de cette catégorie, le *bohéme* perd son nom.

La police a barre sur lui.

C'est le vagabond sans domicile,

qui fait son gîte habituel des carrières d'Amérique, en dépit des visites fréquentes de l'autorité.

C'est le Grec de profession, roulant la nuit de tripot en tripot, harcelé par le commissaire en écharpe, — dont l'apparition doit être terrifiante, si j'en juge par l'effet de la même scène dans une pièce de l'Ambigu.

C'est le faiseur de dupes, qui, à l'abri d'un conseil judiciaire bien dissimulé, soutire du crédit tout ce que le crédit trop confiant veut bien lui donner.

C'est l'escroc.

Ce n'est plus le bohême.

Est-ce à dire que notre galerie de *bohêmes* soit complète de la sorte?

Non. Il y manque un élément es-

sentiel : *la femme-bohême*, ou mieux :
le bohême-femme.

LE BOHÈME-FEMME

ÉMINISEZ le *carottier*, l'*ex-
ploiteur*, le *chercheur de
dîner*, et vous aurez la *ca-
rottière*, l'*exploiteuse*, la *chercheuse
de dîner*, autant de substantifs qui
répondent à un sujet précis, déter-
miné, défini.

Toute cette légion de filles perdues,
vivant au jour le jour et au hasard
des rencontres, fait·partie de l'im-
mense confrérie de la bohême.

Mon ami Siebecker a si bien conté
toutes ces misères, tous ces scandales,

qu'il nous suffira de renvoyer le lecteur au premier volume de cette collection : *Cocottes et Petits Crevés.*

Mais nous devions les mentionner pour être complet.

En revanche, voici un type de femme - bohême qui échappait au cadre de Siebecker et qui rentre dans le mien.

LES COUREUSES DE VILLES D'EAU.

IL ne s'agit plus de *cocottes,* cette fois. Grandes dames, fort grandes dames. La mère et la fille. La mère est veuve. Peu de fortune, si on compare au passé, alors que *le général* vivait ; — c'est assez souvent la veuve d'un général.

La fille est adorablement belle. Éducation supérieure; grandes, grandes manières; il faut songer à son établissement, et dame! on a quelques prétentions. On voudrait épouser une grande fortune. Dans le pays, on ne trouvera pas ça. Il y a des contrées maudites où le million ne fleurit pas en tant que dot.

Alors on s'expatrie. La mère promène la fille en tous lieux. Partout, dans les casinos, on les rencontre. Un mois ici, un mois là, un mois ailleurs. Les toilettes les plus extravagantes, les allures les plus provocantes!...

Les dernières ressources *passent* à cette poudre d'or qu'on jette aux yeux. Il s'agit de *paraître...*

Et l'on *paraît* si bien, que les chroniques de *high life* sont toutes remplies des moindres détails concernant la jeune beauté à *sensation*..... « *Elle* « *a les pieds comme ci et les yeux* « *comme ça !...* »

Les amoureux, par milliers, se pressent autour. Les déclarations, les offres de service pleuvent, tourbillonnent. Toutes les têtes à l'envers !...

On cite des désespérés qui ont mis fin à leurs jours.....

La petite, parfaitement stylée, traverse, froide, hautaine, intacte, cette atmosphère brûlante. Elle sait faire taire ses préférences, quand ses préférences s'égarent sur des *sujets* peu sérieux ou peu consistants. Avant qu'un

encouragement parte de son regard ou
sorte de sa bouche, elle s'est bien assu-
rée que ses intérêts ne courent aucun
risque d'être compromis. D'ailleurs,
« *la vieille maugrabine de maman* »
est là qui veille avec son expérience....

A la fin, il y a toujours un imbé-
cile, jeune ou vieux, qui se laisse
prendre, et de *bohême* qu'elle était,
la jeune femme devient comtesse ou
duchesse, — princesse quelquefois...

LES VAGABONDES.

L E type que nous venons d'esquisser, bien tranché, bien
net, a son pendant que voici :
Madame X.., avec ou sans parti-

cule, est veuve, jeune encore et très-
suffisamment jolie, avec un je ne sais
quoi de chiffonné, de piquant qui
force l'attention et fait, comme on dit,
venir l'eau à la bouche.

Elle est coquette, avec des prétentions à l'esprit, à la poésie, au style,
et même, dit-on, elle *écrivaille;* elle
peinturluraille aussi, et *sculpturlu-
raille* et *politiquaille*.....

Elle aime le bruit, l'éclat, le mouvement, le luxe, le faste. Elle ne craint
pas le scandale, au contraire; affolée
de publicité, elle veut qu'on s'occupe
d'elle soit en bien, soit en mal.

Excentrique, capricieuse, d'une prodigalité insensée, jetant, selon l'expression consacrée, l'argent par les fe-
nêtres...

Or, et c'est là, ma foi, le plus grand défaut de la belle : la belle n'a pas le sou, — à la lettre, pas le sou! Il lui faut donc un.... soutien, un.... aide, un appui.

N'est-ce que cela? Elle en prend deux, trois, quatre, cinq; elle en ruine six, sept, huit, neuf; elle en trompe dix, onze, douze, treize; elle en désespère quatorze, quinze, seize; elle en *amuse* dix-sept, dix-huit, dix-neuf, vingt.

« Vingt, et des milliers d'autres encore !
On perdrait son temps à les compter ! »

Des tout jeunes et des tout vieux. Des gentilshommes et des académiciens, des militaires, des journalistes et des journaliers. La voix publique, qui se plaît au grossissement des choses, lui en prête de toutes les couleurs, de toutes les conditions, de tous les pays, de tous les âges, de tous les sexes.

Unanimes d'ailleurs à la proclamer *bonne fille.* Essentiellement vagabonde, toujours par voies et chemins ; aujourd'hui à Paris, demain à Berlin, après-demain à Florence, l'été dans les villes d'eau et de jeu. Elle est partout chez elle, ouvre partout ses salons, tient sa cour partout. Bien connue en tous lieux.

Au premier cheveu blanc, elle cherchera autour d'elle dans la foule des *surnuméraires* qui attendent en soupirant leur tour de *faveurs*, et daignera accorder sa main à celui de tous qui lui présentera les garanties les plus sérieuses pour ses besoins toujours croissants de luxe, de vanité, d'ambition.

Quelquefois Mme X..... n'est pas veuve ; mais c'est exactement la même chose, au dernier paragraphe près...

DE QUELQUES BAS-BLEUS.

OUVONS-NOUS, dans une revue de *bohémes*, négliger le groupe pittoresque des *bas-bleus ?*

La lacune serait par trop singulière, d'autant que plusieurs dans le nombre méritent vraiment les honneurs du croquis.

Il est une malheureuse femme que tous nos confrères de la presse connaissent bien. De quarante à quarante-cinq ans (elle en accuse un peu moins de trente); les traits hommasses, la démarche saccadée et lourde, la tenue négligée. « Aucune des grâces de son sexe ,» dirait un poëte-*premier-Empire*.

Tout le jour, de bureaux de rédaction en bureaux de rédaction, elle colporte ses manuscrits, rouleaux épais que le passant voit émerger avec stupeur de dessous un mantelet fripé.

Malgré la consigne sévère donnée aux garçons, aux huissiers, aux concierges, elle se faufile, elle pénètre, elle s'installe.

Personne !... Elle attendra !...

Elle ne s'en ira pas qu'on ne l'ait entendue, qu'on ne lui ait donné une réponse, qu'on ne lui ait dit le pourquoi des rebuffades qu'elle essuie!....

Et alors commencent les récits, les *narrés*, les plaintes, les *potins* à n'en plus finir!..

« On lui a volé toutes ses idées.....
« *Chose!* Vous savez bien, le grand
« *Chose?*... A quoi tient sa réputa-
« tion!...à *Estelle, ou la Fille du Co·*
« *saque!*..... Eh bien, *Estelle, ou la*
« *Fille du Cosaque,* est un roman que
« le grand *Chose* lui a positivement
« *chippé* dans son tiroir. » Etc., etc.

Pauvre femme! ridicule!.., mais navrante!...

Et malheur à qui se laisse toucher; malheur à qui fait montre de quelque

intérêt pour elle,... lui prend son ma-
nuscrit, par exemple, avec promesse
de lire attentivement!

Ah Dieu! c'en est fait de son repos
à celui-là, de sa tranquillité; elle le
poursuivra partout sans trêve ni re-
lâche!...

En vain offrira-t-il de payer, d'in-
demniser... Point! point! elle veut
être *imprimée!* C'est là sa marotte,
c'est là sa manie;... un pas de plus ce
serait la démence!...

La démence viendra, gardez-vous
d'en douter!...

En attendant l'hôpital, de quoi vit-
elle?

Mystère de la vie privée qu'on n'ose
approfondir! .

Mais, même parmi les *bas-bleus* de

quelque notoriété, nous trouvons le *bohéme.*

Paris en compte quelques - unes, âgées, qui toutes, jadis, eurent leur semaine de triomphe et furent, un jour au moins, proclamées : *dixième Muse.*

Le monde qui les recevait continue à les tolérer.

On les rencontre çà et là dans les salons, traînant leur maigreur et leur coiffure excentrique.

Prêtresses de Mercure, après avoir rôti le balai au service de Vénus et d'Apollon, c'est l'Entremettage qui les fait vivre aujourd'hui.....

Rien au-dessous.

COUP D'ŒIL D'ENSEMBLE.

Nous avons fait défiler nos bons hommes à la queue leu-leu, un peu à la manière des *montreurs* de lanterne magique. La diversité des types nous obligeait à cette façon de procéder.

Mais il est diverses questions d'ordre général que je vois se presser sur les lèvres du lecteur et auxquelles je vais tâcher de répondre succinctement :

1° *D'où résulte le bohême?*

Est-il un produit d'ordre social ou naturel?

En d'autres termes :

A qui faut-il s'en prendre de cette espèce, à la nature ou à la société?

Sans hésiter, je réponds : *A la nature!*

C'est un vice de nature qui fait le bohême.

Il naît de la *paresse* et de la *vanité* combinées.

Tant qu'il y aura des *paresseux* et des *vaniteux*, il y aura des *bohémes*.

Regardez-les tous!... Ils ont l'instruction, la force, la vigueur, la santé.

Ils pourraient travailler, sortir de cette position misérable. Ils n'y songent même pas.

Ah Dieu !... à mille lieues d'y songer!...

La mère promène la fille en tous lieux (p. 100).

Il faut voir de quelle mine ils accueillent les remontrances les plus amicales !

« *Il leur plaît de vivre ainsi !... de quoi se mêle-t-on ?* »

Quelquefois des injures !... Cette espèce est dédaigneuse en diable...

« Et ces culs de bouteille ont le dédain du prisme. »

Le plaisant, c'est qu'ils en viennent tous à se persuader que cette horreur du travail est indice chez eux d'une organisation supérieure.

De là cet aphorisme fréquent dans leur monde :

« *Tout artiste qui travaille fait par cela même aveu d'impuissance.* »

On connaît ce mot de l'un d'eux :

« X... du talent !... allons donc !...
il travaille comme un cheval ! »

Quelques-uns, en apparence moins
drapés dans leur vanité hautaine,
vous répondent :

« Travailler ! travailler ! c'est bon à
dire ! Procurez-moi donc les moyens
de travailler, vous qui parlez si
bien !... »

A un bohême de cette catégorie,
virtuose habile, je répondis un jour
par l'offre de quelques leçons en
ville ...

« C'est ça ! des leçons à quarante
sous, n'est-ce pas ? Quand, à Saint-
Pétersbourg, le cachet m'était payé
cent francs ! Grand merci !... *Je ne
mange pas de ce pain-là !...* Je veux
bien *tomber,* mais non pas *déchoir !* »

Essayez donc de démontrer à un gaillard de cette trempe qu'il vaut mieux, après tout, gagner quarante sous de façon honnête que vivre de mendicité !... Vous y perdriez votre rhétorique.

Vivre de mendicité n'est, hélas ! que le mot trop propre !

J'en pourrais citer un qui, en mourant, a laissé une dette de *mille pièces de vingt francs.*

Vingt mille francs répartis entre mille créanciers !... C'est à ne pas croire !

Son mode le plus habituel, à celui-là, pour contracter des emprunts, était le suivant, — je le crois assez typique pour être rapporté ici.

Il avait dressé par quartier une

longue liste de toutes ses connaissances. Ces messieurs sont fort ré-
pandus.

D'ailleurs, si peu qu'il connût les
gens, il lui suffisait. Vous étiez-vous
trouvé une fois dans une société dont
il faisait partie, vous étiez couché sur
la liste.....

Puis, un matin, il prenait une voiture à l'heure, et, la liste à la main, il
se faisait conduire au domicile de
chacun des inscrits.

Il se présentait, riant aux éclats.

« Ça n'arrive qu'à moi ! Figurez-
vous, mon cher, que je suis en bas
dans une voiture, et je viens de m'a-
percevoir que je suis sorti sans argent.
Elle est trop forte ! Comprend-on ?.....
Heureusement, me trouvant dans

votre rue, j'ai pensé à vous. Vous n'auriez pas un louis à me prêter jusqu'à ce soir ? »

Le plus souvent on lui prêtait le louis.

« Merci ! A charge de revanche !.... Je me sauve, vous comprenez, un ver rongeur..... Adieu, cher ! »

Et il se faisait conduire chez un autre.

La cueillette achevée, il rentrait, pour recommencer la semaine suivante... dans un autre quartier.

Le procédé n'a pas disparu avec l'inventeur. On m'assure que deux ou trois de nos confrères de la haute presse l'exploitent encore avec succès.

En général, le caractère des faits,

propos et gestes de ce monde bizarre
est d'être stupéfiant.

Le cynisme y prend des proportions
gigantesques, ahurissantes, pour qui
n'y est point habitué.

Tenez, une anecdote encore qui,
montre à quel point le sens moral
manque à tous ces gens-là.

Vous avez peut-être connu le poëte
dont je veux parler? Un petit, mai-
griot, chétif, envieux, vaniteux, paresseux, et par conséquent malheu-
reux.

Il est mort, il y a quatre ou cinq
ans, et je me souviens que la critique,
bonne diablesse au fond, lui fit d'assez belles funérailles. On eut l'air de
dire : C'est une perte pour le pays ..

X... l'académicien avait pris ce

jeune rimeur en pitié, je n'ose dire en affection.

Un jour, dans un journal de bouillants iconoclastes, brûleurs d'idoles, quelqu'un dit :

« Il faut en finir avec X... l'académicien !... X... l'académicien est un simple pitre qui déshonore la corporation des lettres, il faut exécuter, il faut réduire à néant X... l'académicien. Qui s'en charge ?

— Moi ! s'écria vivement notre poëte.

— Toi ! mais tu ne le connais pas !

— Comment !... je ne le connais pas ?... je dîne chez lui trois fois par semaine !...»

2º *Que devient le Bohéme ?*

Il arrive ceci parfois, que le hasard s'amuse à tendre au *bohéme* en pleine bourbe une perche de salut, sous la forme d'une succession inattendue, par exemple.

Le fait est rare, sans doute, mais il se présente de loin en loin.

Un matin, X.., l'un des incorrigibles décrits dans les pages précédentes, reçoit d'un notaire une lettre qui l'invite à venir toucher à son étude une somme de cinquante ou soixante mille francs, liquidation de l'héritage imprévu d'une vieille tante oubliée.

Je laisse de côté les exclamations et les trépignements de joie. Quelle sera, croyez-vous, la première pensée de notre homme en présence d'une situation pour lui si nouvelle?

Pensez-vous qu'il verra dans cette manne, miraculeuse à force d'être inespérée, les moyens d'assurer son indépendance pour l'avenir et de faire peau neuve?...

Ah! ouiche!... C'est pour lui simplement le point de départ de nouvelles sottises; la réalisation possible de quelques rêves d'orgie insensée faits dans la misère et l'ivresse.

J'en sais un à qui venait d'échoir pareille aubaine, et qui n'eut rien de plus pressé que de s'offrir... *un bain de vin de Champagne!*..

Le *bohême* subitement enrichi
reste ce qu'il était avant : vaniteux,
insolent, crapuleux dans ses goûts.

Fera-t-il du moins profiter ses camarades de sa subite fortune? Point.
Les privations l'ont aigri et ont cerclé
son cœur d'égoïsme. Tant que dure le
bienheureux magot, il s'isole, il se
tient à l'écart; il change de quartier
par crainte des anciens créanciers,
avec lesquels il juge parfaitement inu-
tile d'entrer en règlement de compte,
et par crainte aussi des emprunts que
ne manqueraient pas de lui faire ses
anciens compagnons de tabagie.

On le perd de vue...

Quelques mois après, il reparaît
tête basse, n'ayant conservé de sa
splendeur éphémère que les vête-

ments qu'il a sur lui, et qui bientôt lui échappent eux-mêmes.

Aphorisme : « *Le bohême franchement bohême reste toujours bohême.* »

Les plus favorisés du sort meurent vite d'épuisement. Beaucoup franchissent la mince barrière qui les sépare de l'escroquerie et tombent dans les griffes de la police correctionnelle, qui ne les lâche que pour la cour d'assises.

D'autres finissent par trouver, dans les bas-fonds des industries parisiennes les plus infimes, un emploi misérable qui les sauve de la faim.

Mais le bohême n'atteint que bien rarement l'âge avancé, voire l'âge mûr. Ces existences que nous avons dé-

crites ne sont possibles qu'un temps.
Les infirmités pardonnent peu à ces
irrégularités de régime, à ces écarts
de conduite, à ces défis de toute mi-
nute contre l'hygiène bien entendue...

On en a vu résister pourtant de
longues années. Mais ces exceptions,
fort peu nombreuses, je le répète, sor-
tent alors du cadre des bohêmes pro-
prement dits. Elles se classent dans
les *excentriques*, dans les *originaux*,
dans les *maniaques*. Tel, par exemple,
Chodruc-Duclos, le plus étrange et
le plus renommé de tous. Nous lais-
serons de côté cette série souvent étu-
diée comme s'écartant par trop sensi-
blement de notre programme.

Si vous voulez absolument, absolument quelques échantillons de bo-

hême vieilli, allez à Bicêtre, à la Sal-
pétrière, aux Incurables... dans tous
ces asiles de la misère, de la décrépi-
tude, et de la douleur. Nous ne vous
y suivrons pas. L'état actuel de nos
mœurs faciles s'oppose à ce que le
moraliste poursuive le coupable jusque dans sa chute. Je le regrette dans
l'espèce, et voici pourquoi :

A Sparte, on montrait aux adoles-
cents rassemblés des esclaves ivres
pour les dégoûter de l'ivresse, et l'histoire nous enseigne que le procédé
réussissait fort.

TABLE.

—

—

5288. — Paris, impr. Jouaust, rue S.-Honoré, 338.

www.ingramcontent.com/pod-product-compliance
Lightning Source LLC
Chambersburg PA
CBHW071152200326
41519CB00018B/5197